Julia Fenk

# Die Auswirkungen des anthropogenen Klimawandels auf die Böden der winterfeuchten Subtropen

GRIN Verlag

**Bibliografische Information der Deutschen Nationalbibliothek:**

Die Deutsche Bibliothek verzeichnet diese Publikation in der Deutschen National-
bibliografie; detaillierte bibliografische Daten sind im Internet über http://dnb.d-
nb.de/ abrufbar.

**Impressum:**

Copyright © 2010 GRIN Verlag GmbH
Druck und Bindung: Books on Demand GmbH, Norderstedt Germany
ISBN: 978-3-640-89479-6

**Dieses Buch bei GRIN:**

http://www.grin.com/de/e-book/170298/die-auswirkungen-des-anthropogenen-
klimawandels-auf-die-boeden-der-winterfeuchten

**GRIN - Your knowledge has value**

Der GRIN Verlag publiziert seit 1998 wissenschaftliche Arbeiten von Studenten, Hochschullehrern und anderen Akademikern als eBook und gedrucktes Buch. Die Verlagswebsite www.grin.com ist die ideale Plattform zur Veröffentlichung von Hausarbeiten, Abschlussarbeiten, wissenschaftlichen Aufsätzen, Dissertationen und Fachbüchern.

**Besuchen Sie uns im Internet:**

http://www.grin.com/

http://www.facebook.com/grincom

http://www.twitter.com/grin_com

Friedrich-Schiller-Universität Jena                    SoSe 2010

Institut für Geographie

Modul GEO 235 Physische Geographie I

# Die Auswirkungen des anthropogenen Klimawandels auf die Böden der winterfeuchten Subtropen

Schriftliche Hausarbeit

Abgabedatum:

20.05.2010

# Inhalt

## Abbildungen

## Tabellen

# 1 Einleitung

In der aktuellen öffentlichen Diskussion treten vermehrt Berichte über die immer weniger zu leugnenden Auswirkungen des anthropogenen Klimawandels auf, die sich regional in unterschiedlicher Art und Weise äußern. In dieser Arbeit soll folgende Fragestellung geklärt werden: Welche Folgen hat der anthropogene Klimawandel auf die Klimazone der winterfeuchten Subtropen? Hierbei soll ein besonderes Augenmerk auf die Böden gerichtet werden.

Zunächst werden dafür der allgemeine Begriff des anthropogenen Klimawandels sowie dessen Ursachen, Nachweis und globale Auswirkungen geklärt, bevor im dritten Kapitel ein Überblick über den Untersuchungsraum der winterfeuchten Subtropen erfolgt, aufgeschlüsselt nach Lage und bodenbildenden Faktoren. Diese Analyse bildet die Grundlage für die Vorstellung wichtiger bodenbildender Prozesse sowie der dadurch entstandenen, beziehungsweise fortlaufend entstehenden Bodeneinheiten und ausgewählten Bodenarten. Anschließend werden die spezifischen Ausprägungen des anthropogenen Klimawandels in den winterfeuchten Subtropen herausgearbeitet. Ein besonderer Fokus liegt dabei auf der Bodenerosion. Abschließend werden die Ergebnisse in einer Zusammenfassung kurz und bündig festgehalten.

## 2 Der anthropogene Klimawandel

Bevor auf den Untersuchungsraum der winterfeuchten Subtropen eingegangen wird, soll an dieser Stelle zuerst der allgemeine Begriff des anthropogenen Klimawandels geklärt werden. Es stellen sich also die Fragen nach der begrifflichen Abgrenzung, seinen Ursachen sowie Nachweis und die Folgen auf globaler Ebene.

Der Begriff Klima beschreibt den Zustand der Atmosphäre über einen längeren Zeitraum hinweg. Die World Meteorological Organisation spricht erst ab etwa 30 Jahren von Klima (HARTMANN 2004: 3). Zusätzlich zu der zeitlichen Dimension tritt hier auch die räumliche auf. So wird mit dem allgemeinen Begriff „Klima" zumeist eine große räumliche Ausdehnung assoziiert. Handelt es sich um kleine räumliche Einheiten, wie beispielsweise Städte, so wird vom Mikroklima gesprochen.

Der Klimawandel ist ein in den letzten Jahren in der Öffentlichkeit sehr umstrittenes Thema. Hierbei richtet die öffentliche Diskussion ihr Augenmerk allerdings stärker auf den so genannten anthropogenen Klimawandel. Fest steht, dass sich das Klima seit jeher stets verändert hat. Zu einem Wandel kommt es sowohl durch natürliche als auch durch anthropogene Einflüsse. So sind eine Veränderung der Intensität der Sonneneinstrahlung, Vulkanaktivität und Meteoriteneinschläge bereits in der Geschichte Ursachen für Klimaveränderungen gewesen (BUBENZER & RADTKE 2007: 19f.). Durch verschiedene Untersuchungen – am häufigsten verwendet sind Analysen von Eisbohrkernen – konnten sowohl Warm- als auch Kaltperioden ermittelt werden. Zu einer Erwärmung der Erde kommt es primär durch den Vorgang des Treibhauseffekts auf Grund von Änderungen im Strahlungshaushalt der Erde (MÜLLER & MÜLLER 2010). Dieser ist schematisch in Abbildung 1 dargestellt.

Dabei werden die bereits von der Erde reflektierten Sonnenstrahlen durch Spurengase, Wasserdampf und Aerosole teilweise wieder reflektiert. Die durch die Strahlen transportierte Energie in Form von Wärme wird also nicht ins Weltall abgestrahlt sondern in der Atmosphäre gehalten. Die Folge ist eine Erwärmung. Je mehr Spurengase in der Atmosphäre enthalten sind, desto mehr Strahlen werden reflektiert und desto wärmer wird es.

Mit der industriellen Entwicklung, also zirka seit dem ausgehenden 18. Jahrhundert, wird der Einfluss des Menschen auf das globale Klima stets stärker, weshalb heute die Unterteilung zwischen natürlichem und anthropogenem Treibhauseffekt vorgenommen wird. Vielfach wird der hohe Wirkungsgrad des menschlichen Einflusses auf das Klima angezweifelt. Dies soll hier nur kurz erwähnt sein, denn auf die Diskussion um die Existenz des anthropogenen Klimawandels wird im Folgenden nicht weiter eingegangen werden. Besagte Diskussion wurde im Referat „Ursachen und Nachweis des anthropogenen Klimawandels" im Rahmen des Moduls „Physische Geographie I" detailliert geführt. Ausgangspunkt folgender Untersuchungen ist die durch die Referenten begründete Annahme von der Existenz des anthropogenen Klimawandels. Nach HARTMANN (2004: 4) ist dieser zumindest für die Zeit ab 1976 nicht mehr zu leugnen. Zu dieser Einschätzung gelangt er auf Grund von detaillierten Klimasimulationen des Institutes für Atmosphärenphysik in Moskau sowie des Max-Planck-Institutes für Meteorologie in Hamburg.

Die Ursachen des anthropogenen Klimawandels sind unterschiedlichster Art. Starken Einfluss haben so zum Beispiel die Umwandlung von Natur- in Kulturlandschaften durch Veränderungen in der Land- und Weidewirtschaft, Rodung, Bebauung sowie die Nutzung fossiler Rohstoffe (MÜLLER & MÜLLER 2010). Im Zentrum der derzeitigen Untersuchungen steht jedoch meist die Emission der bereits erwähnten Spurengase, also Kohlendioxid, Methan, Ozon, Distickstoffoxid sowie Chlor-Fluor-Karbonate. Die Konzentration dieser Gase nimmt durch den menschlichen Einfluss zu. Hier ist als Beispiel der Anstieg von atmosphärischem $CO_2$ zu nennen, welches durch das Verbrennen der fossilen Brennstoffe

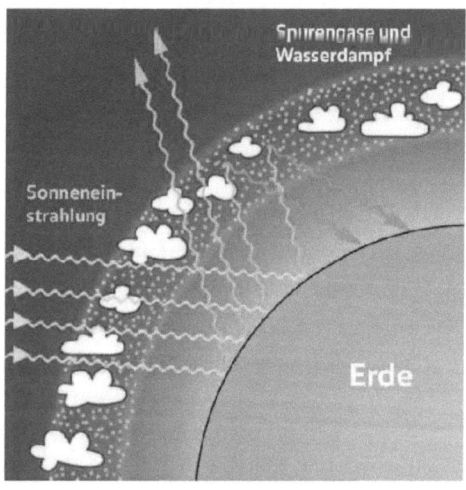

Abb. 1: Schematische Darstellung des Treibhauseffekts (Quelle: SCHWARZ et al.2008: 4)

Kohle, Erdöl und –gas freigesetzt wird. Besonders deutlich wird dies in Abbildung 2, die den Anstieg der Emissionen von Spurengasen zwischen 1970 und 2004 darstellt. Wie zu erkennen, ist der weitaus größte Teil der Emissionen auf die Nutzung fossiler Brennstoffe zurückzuführen.

Der Bericht des Intergovernmental Panel on Climate Change (IPCC) aus dem Jahr 2000 zeigt auf, dass die Auswirkungen des Klimawandels bereits heute in den unterschiedlichsten Regionen der Erde erkennbar sind, und dieser so mit Nichten ein Problem der Zukunft darstellt. Besonders deutlich wird dies an Hand der Gletscherschmelze. Aber auch das Abtauen des Permafrostbodens sowie große Teile der Arktis, Grönlands und der Antarktis sind unverkennbar. Laut Aussage des Umweltbundesamtes sank die Schneebedeckung auf der Nordhalbkugel seit 1960 um 10% (UBA 2004: 2). Der Anstieg des Meeresspiegels bedroht bereits heutzutage viele Inselstaaten und Küstenregionen. Dieser ist im 20. Jahrhundert um 12 bis 22 cm angestiegen (SCHWARZ et al.2008: 6). Besonders betroffen sind Länder im Indischen und Pazifischen Ozean. So haben die Malediven, Tuvalu und weitere Staaten als

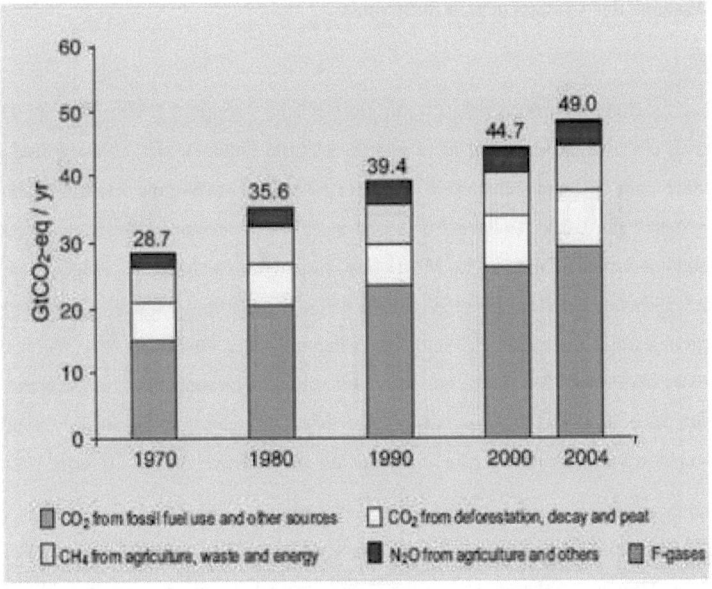

Abb. 2: Herkunft und Anteile der Treibhausgase (Quelle: IPCC 2007: o.S.)

Reaktion auf die Auswirkungen des anthropogenen Klimawandels Notfallpläne zur Umsiedlung ihrer Bevölkerung erstellt. Eine weitere Konsequenz der Erderwärmung stellt die Ausdehnung tropischer und subtropischer Flora und Fauna in vormals zu kühle Regionen der gemäßigten Breiten dar. Folglich wird auch der Lebensraum für (sub-)polare Lebensformen zunehmend eingeschränkt bzw. geht gänzlich verloren. Intensive Dürre- und Regenperioden nehmen erwiesenermaßen zu. Ähnliche Beobachtungen bieten andere Wetterextreme wie Tornados, Hurrikane und Orkanstürme. Wie ihr gehäuftes Auftreten mit dem anthropogenen Einfluss zusammenhängt, konnte allerdings bislang noch nicht zweifelsfrei geklärt werden (DIETZ 2006: 7).

Die durch den anthropogenen Klimawandel hervorgerufene Erwärmung ist auf der gesamten Erde festzustellen. Allerdings sind seine Ursachen und Auswirkungen regional unterschiedlich. Welche Folgen der Klimawandel für die Klimazone der winterfeuchten Subtropen hat wird in dieser Arbeit dargelegt. Im folgenden Kapitel wird ein allgemeiner Überblick über den Untersuchungsraum gegeben.

## 3 Die Ökozone der winterfeuchten Subtropen

### 3.1 Lage

Die winterfeuchten Subtropen nehmen mit einer Fläche von gut 2,5 Mio. km² nur 1,7% der Landmasse ein und stellen somit nicht nur die kleinste Ökozone dar, sondern sind darüber hinaus auch „am stärksten zerstückelt" (SCHULTZ 2000: 313). Wie die Karte in Abbildung 3 zeigt, bestehen die winterfeuchten Subtropen aus fünf voneinander isolierten Teilgebieten: dem Mittelmeerraum, Kalifornien, Mittelchile, Südafrika sowie dem zweigeteilten Gebiet Süd- und Südwestaustralien. Diese Regionen nehmen meist nur schmale Küstenstreifen ein und liegen jeweils zwischen 30° und 40° geographischer Breite an den Westseiten der Kontinente. Aufgrund der Tatsache, dass der Mittelmeerraum das mit Abstand größte Teilgebiet darstellt, wird der Terminus „mediterrane Subtropen" häufig als Synonym für die winterfeuchten Subtropen verwendet und somit auf alle Teilbereiche der Ökozone übertragen.

Die Abgrenzung der einzelnen Teilgebiete von den angrenzenden Ökozonen ist problematisch und umstritten, da ihr verschiedene Kriterien zu Grunde gelegt werden können. Im Folgenden sollen die Grenzen anhand von Klimadaten festgelegt werden, wobei die exakten Schwellenwerte im nächsten Teilkapitel erläutert werden. Eine weitere Schwierigkeit besteht

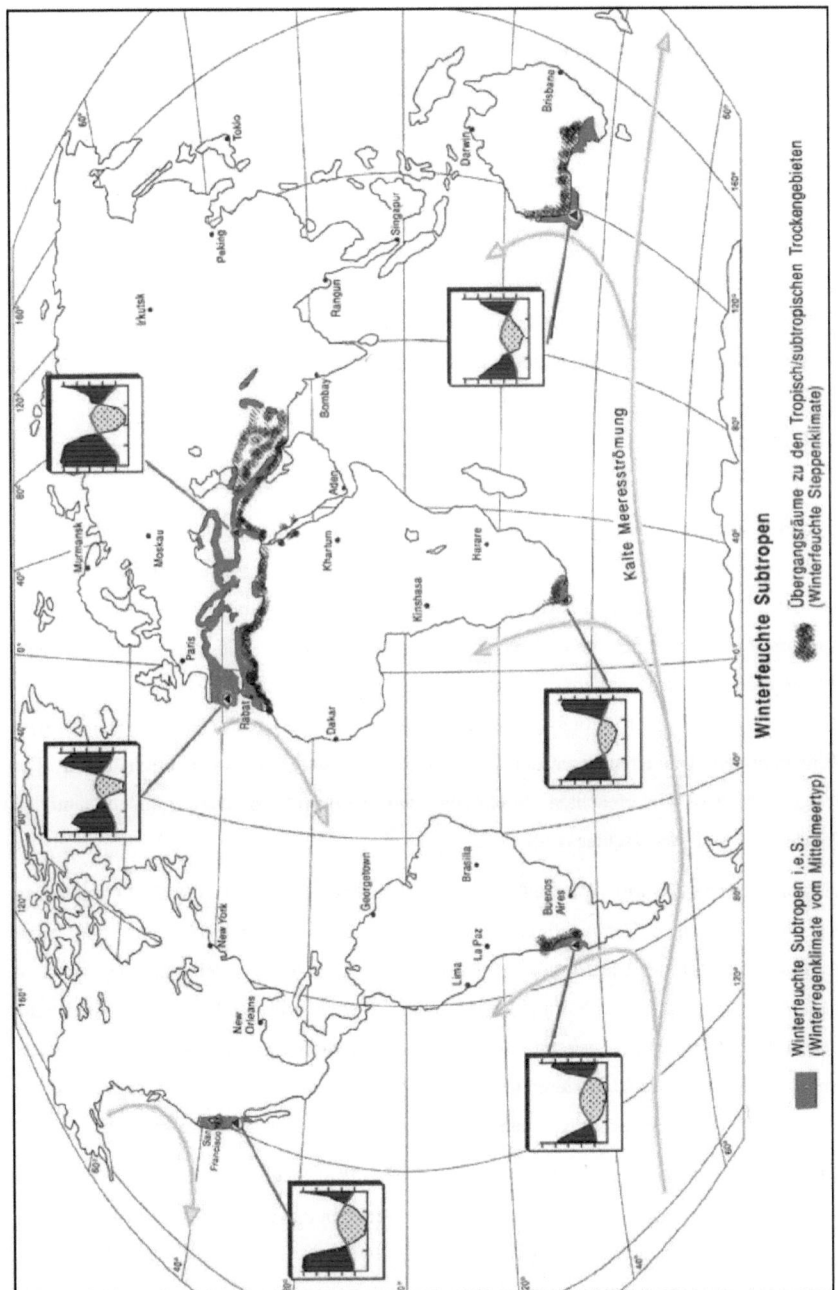

Abb. 3: Die Lage der winterfeuchten Subtropen (Quelle: GLASER 2006: o.S.)

in dem unterschiedlichen Grad der Übereinstimmung zwischen den Regionen. So gibt es beispielsweise zwischen Kalifornien und Mittelchile sowie Australien und Südafrika größere Übereinstimmungen hinsichtlich Geomorphologie, Klima und Vegetation als zwischen anderen Teilgebieten, was natürlich die Frage nach sich zieht, ob eine Zusammenfassung der fünf Gebiete überhaupt gerechtfertigt ist. Werden jedoch die großen Entfernungen zwischen den einzelnen Teilen der winterfeuchten Subtropen berücksichtigt, kommt den Gemeinsamkeiten eine deutlich größere Gewichtung zu als den Unterschieden, die in ihrer Bedeutung abgeschwächt werden. Folglich ist die Vereinigung der oben aufgezählten Gebiete zu einer eigenständigen Ökozone durchaus plausibel (SCHULTZ 2000: 314f.).

## 3.2 Klima

Das Klima der winterfeuchten Subtropen ist maßgeblich durch jahreszeitliche Unterschiede geprägt. Einerseits unterliegen die Teilgebiete im Sommer dem Einfluss der subtropisch-randtropischen Hochdruckgebiete, was Strahlungswetter und Trockenheit zur Folge hat. Auf der anderen Seite verschieben sich die planetarischen Luftdruckgürtel im Winter in Richtung Äquator, wodurch sich im Bereich der mediterranen Subtropen das zyklonale Wettergeschehen der mittleren Breiten durchsetzt. Dieses führt zu einer winterlichen Regenzeit mit häufigen, frontengebundenen Niederschlägen und regelmäßigen, heftigen Winterstürmen. Die Klimadiagramme in Abbildung 4 stammen von Klimastationen aller Teilgebiete der winterfeuchten Subtropen und verdeutlichen das ähnliche jährliche Temperatur- und Niederschlagsverhalten.

Die sommerliche Erwärmung ist aufgrund der küstennahen Lage aller Teilgebiete und wegen der relativ niedrigen Temperaturen der Küstengewässer niedriger, als sonst auf selber geographischer Breite. Die mittlere Monatstemperatur beträgt in mindestens vier Monaten mehr als 18°C, liegt allerdings nur selten über 20°C. Solch hohe monatliche Durchschnittstemperaturen werden lediglich in küstenferneren Lagen des Mittelmeergebiets erreicht. Die Trockenheit in dieser temperatur- und strahlungsgünstigen Jahreszeit führt zu Wasserdefiziten, die je nach Länge und Ariditätsgraden der Trockenperiode variieren.

Äquatorwärts befindet dich die Grenze der winterfeuchten Subtropen dort, wo die Summen der jährlichen Niederschläge unter 300 bis 350 mm/a fallen und die Trockenzeit länger als ein halbes Jahr andauert, das heißt es gibt mindestens sieben aride Monate (SCHULTZ 2000: 317). Santa Barbara (Abb. 4) nähert sich diesen Schwellenwerten an, gehört aber aufgrund der Jahresniederschlagssumme von 413 mm noch zur Ökozone der winterfeuchten Subtropen.

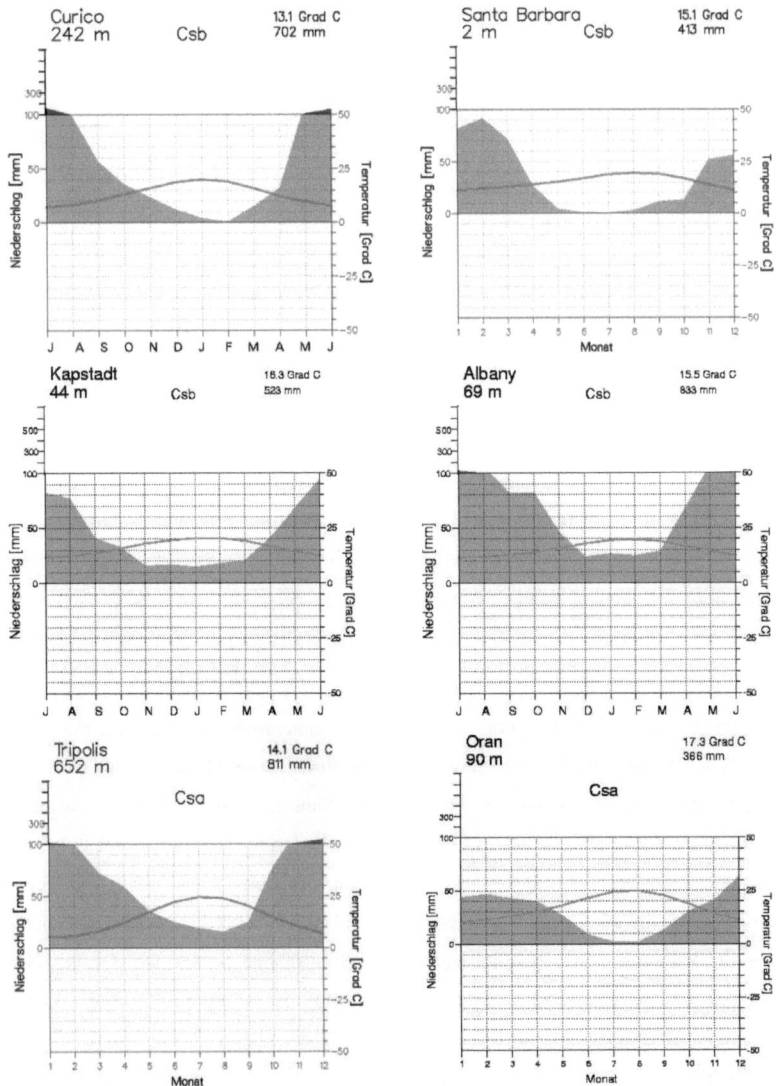

Abb. 4: Klimadiagramme Curico (Chile, 35°S, 71,2°W), Santa Barbara (Kalifornien, USA, 34,4°N, 119,7°W), Kapstadt (Südafrika, 33,9°S, 18,4°O), Albany (Australien, 35°S, 117,9°O), Tripolis (Libyen, 32,9°N, 13,2°O), Oran (Algerien, 35,7°N, 0,6°W). (Quellen: http://www.klimadiagramme.de/ Samerika/Plots/curico.gif, http://www.klimadiagramme.de/ Namerika/Plots/santabarbara.gif, http://www.klimadiagramme.de/ Afrika/Plots/kapstadt.gif, http://www.klimadiagramme.de/Australien/Plots/albany.gif, http://www.klimadiagramme.de/ Europa/Plots/tripolis_g.gif, http://www.klimadiagramme.de/Afrika/Plots/oran.gif)

Die Abgrenzung zu den feuchten Mittelbreiten ist dort anzusetzen, wo im Sommer keine deutliche Einschränkung des Pflanzenwachstums mehr bemerkbar ist. Die mittleren Jahresniederschläge steigen polwärts bis auf 800 bis 900 mm an, da die Regenzeit dort länger andauert. Dies kann sogar so weit führen, dass es nur einige regenarme (semiaride) Monate gibt.

Ebenso wie die Temperaturzunahme im Sommer wird auch die Temperaturabnahme im Winter durch Meereseinflüsse gemildert. Die mittleren monatlichen Temperaturen fallen selbst im kältesten Monat meist nicht unter 5°C. Es kommt dennoch in dieser Jahreszeit zu Kaltlufteinbrüchen, bei denen Schneefälle ebenso möglich sind wie bis ins Tiefland reichender Frost.


### 3.3 Vegetation und Tierwelt

Charakteristisch für die Vegetation und Tierwelt der winterfeuchten Subtropen sind die hohen Artenzahlen in allen Teilgebieten, die nach denen der immerfeuchten Subtropen am zweithöchsten sind. Die größte pro Fläche vorkommende Anzahl an Arten ist im südafrikanischen Winterregengebiet vorzufinden, wo beispielsweise mehr als 600 verschiedene, oft endemische, Gefäßpflanzen existieren. Verglichen mit einer entsprechenden Fläche der tropischen Regenwälder entspricht dieser Wert etwa der dreifachen Artenzahl.

Allen Teilgebieten gemein ist der 10 bis 15 Meter hohe immergrüne Hartlaubwald mit einer darunterliegenden Kraut- und Strauchschicht (ZECH & HINTERMAIER-ERHARD 2002: 50). In den nordhemisphärischen Regionen der winterfeuchten Subtropen sind zudem Nadelwälder vorzufinden, die jedoch, ebenso wie die natürlichen Hartlaubwälder, durch menschliche Eingriffe stark verändert oder sogar zerstört wurden. An ihre Stelle treten Hartlaub-Strauchformationen, die unter dem Oberbegriff Matorral zusammengefasst werden und nach verschiedenen Kriterien, wie beispielsweise der Strauchhöhe oder der Dichte des Strauchbestandes, unterteilt werden können. Dabei gibt es in vielen Ländern eigene landessprachliche Bezeichnungen für diese Vegetationsformen. Beim höheren Matorral, der auch als Macchie (italienisch) bezeichnet wird, bilden eine Vielzahl von Straucharten einen dichten, wenige Meter hohen Busch, der gelegentlich von kleinen Bäumen überragt wird. Der niedere Matorral oder Garrigue (französisch) ist hingegen stärker von menschlichen Tätigkeiten überprägt und weist deshalb nur lückenhaft wachsende, kniehohe Sträucher auf.

In den winterfeuchten Subtropen treten Feuchte- und Temperaturoptimum zu verschiedenen Jahreszeiten auf. Somit wird die Nettoprimärproduktion nicht nur während der warmen

Sommermonate vom vorherrschenden Wassermangel gehemmt, sondern auch in den humiden Wintermonaten vom bestehenden Wärmemangel. Mediterrane Ökosysteme sind dadurch, verglichen mit Ökosystemen anderer Ökozonen, durch eine geringe Biomasseproduktion gekennzeichnet (Abb. 5).

Ebenso ist die Bodenfauna der winterfeuchten Subtropen sehr reichhaltig. Eine Besonderheit ist die Stratifikation, das heißt die Verteilung der Fauna im Bodenprofil, die sich auf tiefere Horizonte konzentriert. Zwischen Sommer und Winter kommt es zu einer vertikalen Verlagerung der Lebensräume, wobei die Flora in der wärmeren Jahreszeit aufgrund des mangelhaften Wasserangebots eine geringere Dichte aufweist. Die zwei Hauptaktivitätszeiten liegen im Frühjahr und im Herbst.

### 3.4. Geomorphologie und Geologie

Die einzelnen Teilgebiete der winterfeuchten Subtropen sind aus einer Vielzahl von Gesteinen aufgebaut, die ein unterschiedliches Alter aufweisen. Während der westliche Teil der Iberischen Halbinsel, Südafrika und Australien aus älteren Gesteinen bestehen und alte Landoberflächen aufweisen, sind die restlichen Gebiete durch mesozoische und jüngere Gesteine gekennzeichnet. Außerdem sind in diesen Regionen die Landschaften durch alpidische oder noch spätere Orogenesen entstanden und zum Teil heute noch von Vulkanismus geprägt (JAHN 2000: 29).

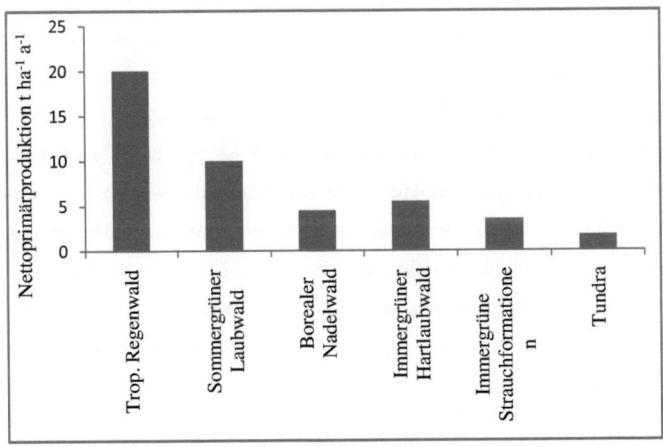

Abb. 5: Nettoprimärproduktion verschiedener Ökozonen (Datenquelle: SCHULTZ 2000: 334)

Tab. 1: Reliefklassen der winterfeuchten Subtropen (Datenquelle: JAHN 2000: 30)

| | Mio. km² | % | Reliefklasse[1] a b c % der jeweiligen Einheit | | | ohne Angabe % der jeweiligen Einheit |
|---|---|---|---|---|---|---|
| Mittelmeer-Gebiet | 1,37 | 65 | 29 | 53 | 18 | 0 |
| Kalifornien | 0,24 | 11 | 33 | 31 | 36 | 0 |
| Chile | 0,07 | 3 | 58 | 23 | 17 | 2 |
| Südafrika | 0,09 | 4 | 31 | 42 | 23 | 4 |
| Australien | 0,34 | 16 | 47 | 52 | 1 | 0 |
| alle | 2,11 | 100 | 34 | 49 | 17 | 0 |

[1] a = flach bis wellig (dominante Hangneigung 0-8%)
b = wellig bis bergig (dominante Hangneigung 8-30 %)
c = steil zergliedert bis gebirgig (dominante Hangneigung >30%)

Den größten Teil der Fläche des Mittelmeergebiets nehmen kreidezeitliche und tertiäre Sedimentgesteine ein und das Relief ist durch eine hohe Vielfalt geprägt. Tabelle 1 verdeutlicht, dass alle Reliefklassen zu deutlichen Anteilen vertreten sind, wobei wellig bis bergiges Gelände dominiert. Kalifornien besteht aus einem nordsüd-orientierten Küstengebirge (Coastal Range), welches aus spätmesozoischen und jüngeren Sedimentiten zusammengesetzt ist, einem zentralen Tal (Great Valley), in dem alluviale Sedimente vorherrschend sind, und einer zum Landesinneren hin anschließenden Gebirgskette (Sierra Nevada) mit verschiedenen vulkanischen Landschaftsformen. Das chilenische Teilgebiet ist ähnlich aufgebaut: an ein aus Sedimentgesteinen und Metamorphiten (Gneis, Glimmerschiefer, Amphibolit) bestehendes Küstengebirge schließt sich ebenfalls ein Längstal mit nordsüdlicher Ausrichtung an, welches aus Sedimentgesteinen aufgebaut ist. Daran grenzen die über 6000 Meter hohen Anden, die durch einen intensiven basaltischen Vulkanismus charakterisiert werden, der das Ausgangsmaterial für die Böden liefert. Das Innere des Teilgebiets Südafrika setzt sich aus verschiedenen Metamorphiten, wie beispielsweise Graniten und Gneisen zusammen und ist von einem paläozoischen Kap-System umgeben (Sandsteine, Schiefer). Die Küstenbereiche werden von äolischen und karbonatischen Sanden bedeckt. Während das Innere der beiden australischen Regionen aus verschiedenen Metamorphiten besteht, sind in diesen Gebieten die Küsten häufig von kreidezeitlichen oder jüngeren Sedimenten überlagert (JAHN 2000: 29). Auffällig gegenüber den anderen Teilgebieten ist der nahezu nicht vorhandene Anteil der gebirgigen Landschaftsformen (Tab. 1).

# 4 Bodenbildung in den winterfeuchten Subtropen

## 4.1 Bodenbildende Prozesse

Nachdem die bodenbildenden Faktoren analysiert wurden, sollen in diesem Kapitel einige wesentliche bodenbildende Prozesse in den winterfeuchten Subtropen näher betrachtet werden, damit anschließend ausgewählte Bodeneinheiten in ihren Eigenschaften und ihrer Entstehung dargestellt werden können.

Die *Humusakkumulation* ist im Allgemeinen niedrig. Das heißt, die Böden der winterfeuchten Subtropen weisen einen geringen Humusgehalt im Oberboden auf, weil die Streuproduktion mäßig, der Abbau jedoch vergleichsweise hoch ist, da er im Winter durch ausreichende Temperatur- und Niederschlagsverhältnisse ungehindert stattfinden kann.

Ältere Böden sind tiefgründig und vollständig entkalkt, aber insgesamt verläuft der Prozess der *Entkalkung* verhältnismäßig langsam und weniger intensiv. Wenn Carbonatgesteine vorhanden sind, wird der Oberboden in den feuchten Wintermonaten entkalkt und es reichert sich Residualton an. Im Unterboden können während der warmen, trockenen Sommermonate sekundäre Carbonate ausfallen und Kalkkrusten bilden (*Carbonatisierung*).

Für viele Böden profilprägend ist der Prozess der *Lessivierung (Tonverlagerung)*. Begünstigt durch die hohen winterlichen Niederschläge findet eine mechanische Verlagerung von Ton beispielsweise in Trockenrissen, die während der Sommerzeit entstanden sind, statt und führt zum Entstehen teilweise mächtiger Tonanreicherungshorizonte im Unterboden. Wenn diese (oder anders entstandene Staukörper) in einer Tiefe von mindestens 50 bis 60 cm liegen, dann kann es zur *Pseudovergleyung* kommen (FIEDLER 2004: 9). Liegen die Stauursachen jedoch näher an der Erdoberfläche, können keine reduzierenden Bedingungen entstehen, da das eindringende Wasser aufgrund der hohen Evapotranspirationsraten zu schnell verbraucht wird.

Ein weiterer bedeutender Prozess der Bodenbildung in den winterfeuchten Subtropen ist die *Rubefizierung*, die eine Rotfärbung der Böden durch die Bildung von Hämatit bewirkt. Bei der Verwitterung der Böden werden Eisenionen freigesetzt, die sich durch Dehydratisierung während der Trockenzeit zu rotgefärbtem Hämatit umkristallisieren (ZECH & HINTERNMAIER-ERHARD 2002: 51). Der Grad der Rubefizierung ist altersabhängig, das heißt stark rubefizierte sind in der Regel auch alte Böden.

Der letzte Prozess, der an dieser Stelle erwähnt werden soll, ist die natürliche *Bodenversalzung*, die aus der starken Verdunstung während der Sommermonate resultiert.

Tab. 2: Verbreitung (Flächen in %) von Bodeneinheiten in den Winterfeuchten Subtropen
(Datenquelle: JAHN 2000: 30)

| Bodeneinheit (FAO) | welteit | Mittelmeergebiet | Kalifornien | Chile | Südafrika | Australien |
|---|---|---|---|---|---|---|
| Fluvisols | 4 | 4 | 8 | 17 | - | - |
| Gleyosols | 1,2 | 1 | 2,2 | 8 | - | - |
| Regosols | 7 | 6 | 8 | 2,3 | 8 | 13 |
| Leptosols | 17 | 23 | 6 | 16 | 21 | 1,4 |
| Arenosols | 2,3 | 0,3 | - | - | 20 | 8 |
| Andosols | 0,9 | 0,7 | - | 14 | - | - |
| Vertisols | 3 | 4 | 2,5 | 6 | - | 3 |
| Cambisols | 12 | 15 | 10 | 3 | 15 | - |
| Calcisols | 17 | 22 | 0,1 | - | 5 | 15 |
| Gypsisols | 1,5 | 2,3 | - | - | - | - |
| Solonetz Haplic | 3 | 0,1 | 1,8 | 2,2 | 2,7 | 16 |
| Solonchaks | 1,8 | 2,2 | 0,8 | - | 0,3 | 2 |
| Kastanozems | 0,6 | 0,9 | 0,2 | - | - | - |
| Phaeozems | 1,9 | 0,8 | 12 | - | - | 0,2 |
| Luvisols | 18 | 17 | 30 | 25 | 21 | 9 |
| Planosols | 4 | 0,3 | 0,1 | 0,8 | 7 | 24 |
| Podzols | 1,9 | 0,7 | 1,6 | 0,1 | - | 8 |
| Alisols, Acrisols | 2,1 | 0,2 | 17 | - | - | 0,5 |
| Nitisols | 0,2 | < 0,1 | - | 4 | - | < 0,1 |
| Ferrasols | 0,1 | - | - | - | - | 0,6 |
| Histosols(Eutric) | < 0,1 | - | 0,3 | - | - | 0,1 |
| Dünensande | 0,3 | 0,3 | - | 2,3 | - | - |
| Fläche (Mio. km²) | 2,11 | 1,38 | 0,24 | 0,07 | 0,09 | 0,34 |

Dadurch steigen gelöste Salze mit dem Kapillarwasser auf und reichern sich im Oberboden
an. Durch die jahreszeitlich wechselnden Temperatur- und Niederschlagsverhältnisse werden
allerdings diese abgelagerten Salze in den Wintermonaten häufig wieder ausgewaschen.

## 4.2 Bodeneinheiten und ausgewählte Bodenarten

In den winterfeuchten Subtropen äußern sich die zahlreichen Kombinationen der
bodenbildenden Faktoren in einer sehr großen Vielfalt vorkommender Böden, die häufig
azonal und somit stark von kleinräumig variierenden Faktoren wie beispielsweise dem
Ausgangsgestein oder dem Relief abhängig sind. Es kommen insgesamt 23 der 26
Hauptbodentypen vor, die in der FAO (1974) unterschieden werden (FIEDLER 2004:10).
Tabelle 2 zeigt die flächenmäßige Verteilung der verschiedenen Bodeneinheiten in den
einzelnen Teilgebieten, wobei auf Leptosole, Cambisole, Calcisole, Solonetz und Luvisole
aufgrund ihres häufigen Vorkommens in diesem Kapitel näher eingegangen werden soll.

Der größte Teil der Fläche wird von den *Luvisolen* eingenommen, die durch einen niedrigen Tongehalt im Oberboden und einen wesentlich höheren im Unterboden gekennzeichnet sind, was als Ergebnis der Lessivierung anzusehen ist. Einige der zugehörigen Bodentypen entsprechen den Parabraunerden der Deutschen Bodensystematik. In allen Teilgebieten ist ein Bodentyp immer wieder auftretend: der *Chromic Luvisol*, der im Deutschen als Terra Rossa beziehungsweise Terra Fusca bezeichnet wird. Dabei handelt es sich um einen leuchtend roten bis rotbraunen Boden, der durch Rubefizierung und Lessivierung geprägt ist und somit die Horizontabfolge A-E-Bt-C (DBG: Ah-Al-Bt-C) aufweist. Wie in Abbildung 6 erkennbar ist entwickelt sich der Chromic Luvisol bevorzugt auf Carbonatgesteinen und ist meist durch eine gute Nährstoffverfügbarkeit und intensive Bioturbation während der humiden Monate gekennzeichnet. Darüber hinaus sind diese Böden oft gut wasserdurchlässig. Im Winter kann es jedoch durch hohe Niederschläge und gleichzeitig niedrige Evapotranspirationsraten zu Wasserstau kommen (ZECH & HINTERMAIER-ERHARD 2002: 52).

Ebenfalls in allen Teilgebieten zu deutlichen Anteilen vertreten ist die Bodeneinheit der *Leptosole*. Diese sind sehr flachgründige, azonale Böden, die in bergigen Regionen entstehen

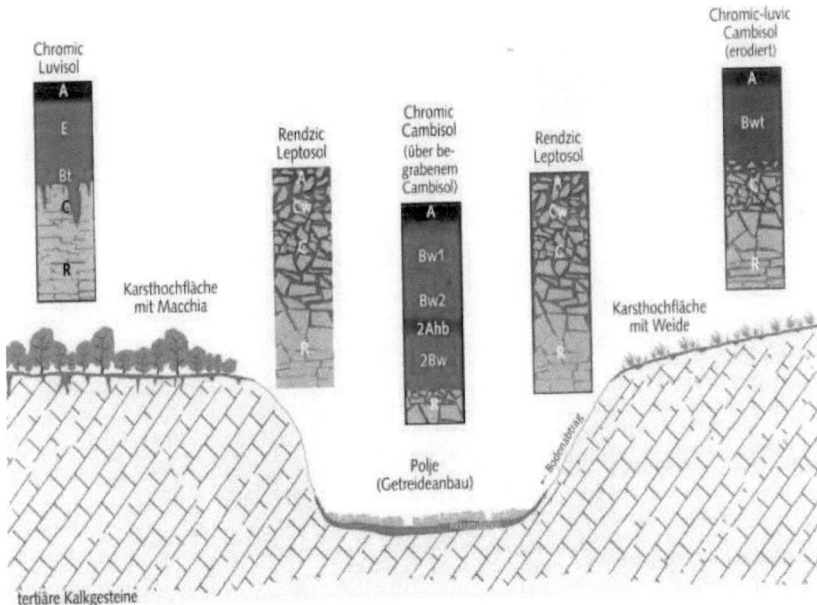

Abb. 6: Catena in einer Karstlandschaft (Quelle: ZECH & HINTERMAIER-ERHARD 2002: 55)

und einen sehr hohen Kies- und/oder Steinanteil aufweisen (FAO 2006: 84). Am häufigsten vertreten sind dabei die *Lithic Leptosols* (Abb. 7), bei denen bereits innerhalb der ersten 10 cm unter der Erdoberfläche das Ausgangsgestein ansteht. Über kalkhaltigem Ausgangsmaterial können sich diese zu *Rendzic Leptosols* weiterentwickeln, die in der Catena in Abbildung 6 dargestellt sind. In der Deutschen Bodensystematik entspricht dies der Entwicklungsreihe Syrosem – Rendzina.

Mit Ausnahme Australiens kommen in allen Teilgebieten auch *Cambisole* vor. Dies sind hauptsächlich junge Böden mit einer zumindest beginnenden Horizontdifferenzierung im Unterboden. Gekennzeichnet ist die einsetzende Bodenentwicklung durch Gefügebildung, eine überwiegende Braunfärbung, Entkalkung und einen damit verbundenen steigenden Tonanteil. Einige Böden der Bodeneinheit Cambisol sind den deutschen Braunerden zuzuordnen (FAO 2006: 75). In den winterfeuchten Subtropen sind häufig die in Abbildung 8 dargestellten *Chromic Cambisols* vorzufinden, welche, ebenso wie die Chromic Luvisols, als Terra Rossa oder Terra Fusca bezeichnet werden. Die Basis für die Entstehung dieser Böden bilden häufig Carbonatgesteine (Abb. 6), die den Prozess der Entkalkung bedingen und somit den hohen Tonanteil in den oberen Horizonten erklären. Die Horizontabfolge ist in der Regel

Abb. 7: Lithic Leptosol (Quelle: http://www.isric.org/Isric/WebDocs/images/photos/Calcari-Lithic_Leptosol_Italy.jpg)

Ah-Bw-C, wobei der B-Horizont ein mächtiger cambic-Horizont ist, der von einer feinen Textur und einer kräftigen rotbraunen bis roten Farbe geprägt ist, die als Ergebnis der Verbraunung beziehungsweise Rubefizierung angesehen werden kann. Damit diese Prozesse

Abb. 8: Chromic Cambisol (Quelle: ENGELHARDT 2007: 10)

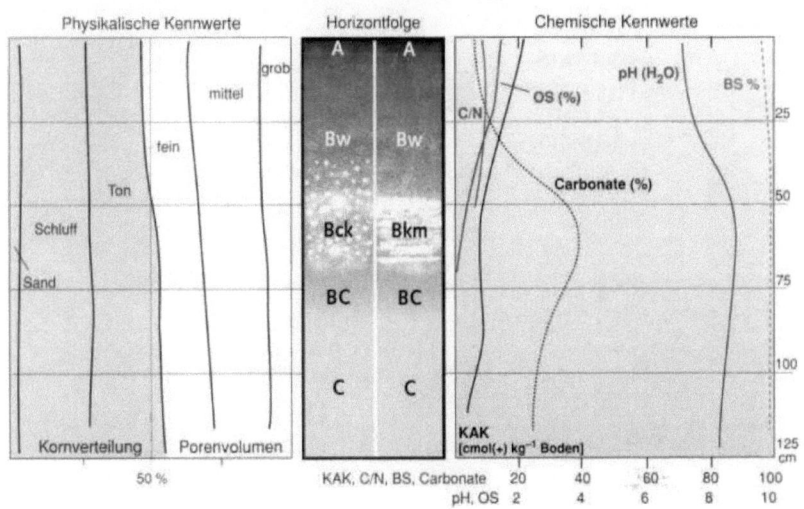

Abb. 9: Calcisol (Quelle: ENGELHARDT 2007: 9)

stattfinden können, muss jedoch der B-Horizont kalkfrei oder zumindest deutlich kalkärmer als der darunterliegende C-Horizont sein (Abb. 8). Dabei verwittern eisenhaltige Minerale und es entstehen zunächst Goethit ($\alpha$-FeOOH), was dem Boden die braune Farbe verleiht, und wasserhaltiges Ferrihydrit (5 $Fe_2O_3$*9$H_2O$). Während der sommerlichen Trockenperiode wird Letzterem das Wasser entzogen und es bildet sich fein verteiltes Hämatit ($\alpha$-$Fe_2O_3$), welches eine Rotfärbung bewirkt (ZECH & HINTERMAIER-ERHARD 2002: 52f.).

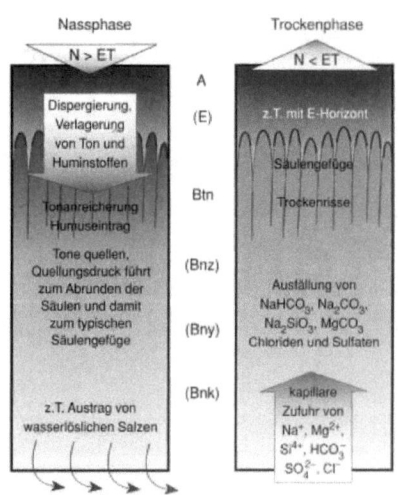

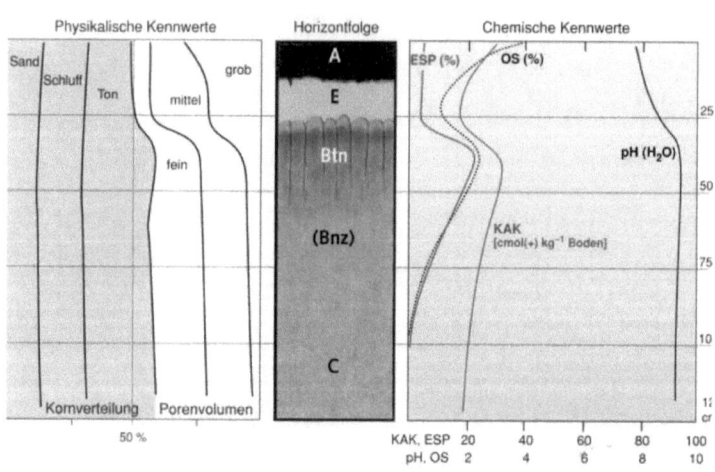

Abb. 10: Solonetz (Quelle: ENGELHARDT 2007: 9)

Tabelle 2 verdeutlicht, dass *Calcisole* zwar in Chile nicht vorkommen und in Kalifornien mit 0,1% der Fläche nur einen sehr geringen Teil einnehmen, jedoch in den anderen drei Teilgebieten zu größeren Anteilen vertreten sind. Diese Böden entstehen bevorzugt auf sehr kalkhaltigem Ausgangsgestein, sind in der Regel schwach entwickelt und werden von einer wesentlichen Anreicherung von Kalk geprägt, was durch die Graphik der chemischen Kennwerte in Abbildung 9 verdeutlicht wird.

Die letzte Bodeneinheit auf die an dieser Stelle eingegangen werden soll ist der *Solonetz*, der zwar in allen Teilgebieten vorzufinden ist, aber nur in Australien einen größeren Teil (16%) der Oberfläche einnimmt. Charakteristisch ist ein dichter, stark strukturierter, toniger Unterbodenhorizont, der einen hohen Anteil an austauschbaren Natrium- und Magnesium-ionen aufweist (FAO 2006: 94). Während der Trockenzeit steigen gelöste Ionen mit dem Kapillarwasser auf und werden ausgefällt, was vor allem durch die Beteiligung von Natrium-carbonat ($Na_2CO_3$) zu einer starken Alkalinität führt, mit pH-Werten über 8,5 (Abb. 10).

## 5 Der anthropogene Klimawandel in den winterfeuchten Subtropen

### 5.1 Temperatur- und Niederschlagstrends

Im Folgenden wird nun erläutert, welche Auswirkungen der anthropogene Klimawandel auf die Gebiete der winterfeuchten Subtropen im Speziellen hat.

In allen Teilgebieten der winterfeuchten Subtropen ist während der letzten Jahrzehnte ein deutlicher Anstieg der Sommertemperaturen zu verzeichnen, der zur Zunahme der Verdunstung von Bodenwasser und der Intensivierung der Trockenperiode führt. Dieser ist am Beispiel des Mittelmeergebiets in Abbildung 11 graphisch untermauert. Darüber hinaus stellt sich ein Rückgang der ohnehin geringen Niederschlagsmenge in den Sommermonaten ein. Bezüglich der Wintertemperaturen ist keine pauschale Aussage möglich. Abbildung 12 zeigt auf, dass eine differenzierte Betrachtung einzelner Regionen erforderlich ist. So sind im Raum Griechenland und der westlichen Türkei sinkende Wintertemperaturen zu verzeichnen, wohingegen diese im westlichen Mittelmeerraum enorm ansteigen.

In den folgenden Teilkapiteln werden Folgen eben aufgeführter Veränderungen der Temperaturen und Niederschläge dargelegt.

## 5.2 Wald- und Buschbrände – eine charakteristische Auswirkung

Eine unübersehbare Konsequenz dieser Temperaturveränderungen in Ländern mit mediterranem Klima sind Waldbrände. So nehmen in der Öffentlichkeit Meldungen über Busch- und Waldbrände in mediterranen Regionen seit einigen Jahren stetig zu. Bilder wie in Abbildung 13 sind immer häufiger Bestandteile der Berichterstattungen aus diesen Gebieten.

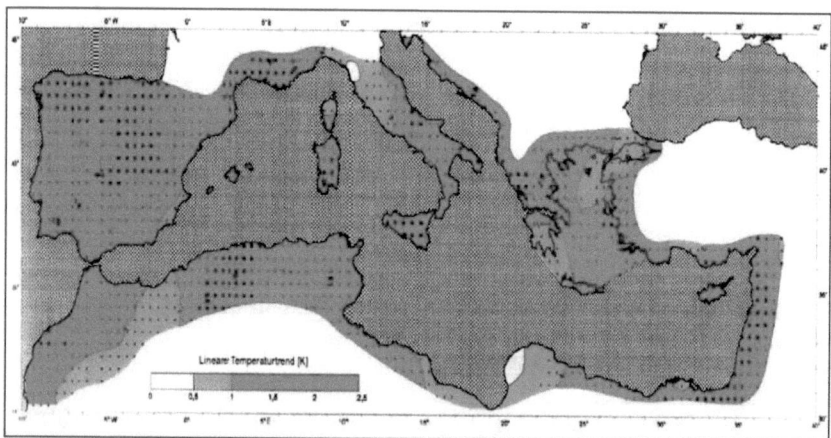

Abb. 11: Trend der Sommertemperaturen im Mittelmeergebiet für den Zeitraum 1969-1998 (Quelle: GLASER 2006: o.S.)

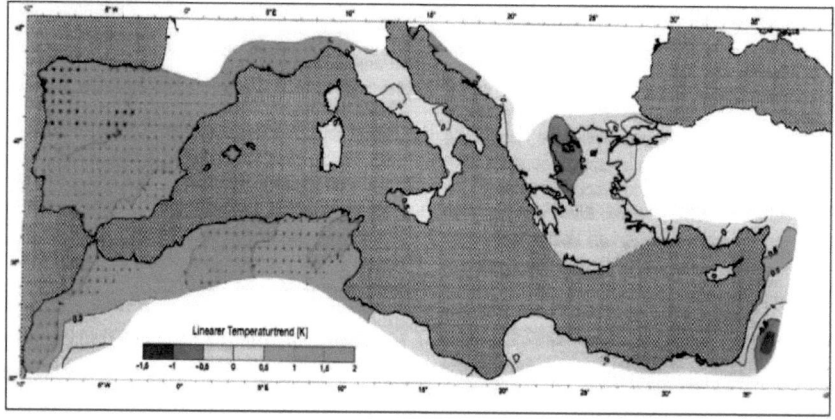

Abb. 12: Trend der Wintertemperaturen im Mittelmeergebiet für den Zeitraum 1969-1998 (Quelle: GLASER 2006: o.S.)

Festzuhalten ist, dass Feuer seit jeher typisch für die winterfeuchten Subtropen sind. Auch das Feuerlegen selbst hat in diesen Gegenden eine lange Tradition. So dient es den Bauern zur Gewinnung neuer Ackerflächen und Weidegebieten, sowie zum Freihalten derer von Gehölzen. Diese seit Jahrhunderten andauernde Art der Landnutzung hat zur Folge, dass die ursprünglichen Wälder heutzutage fast vollständig zerstört sind. Dichte Strauchformationen haben diese, wie im Kapitel 3.3 erwähnt, ersetzt.

In den winterfeuchten Subtropen treffen Trockenheit und Hitze jahreszeitlich zusammen, was durch die Abbildung 4 bereits verdeutlicht wurde. Sehr gut zu erkennen ist hier, dass sich sowohl das Temperaturmaximum als auch das Niederschlagminimum in den Sommermonaten befinden. Auf Grund des gleichzeitigen Einwirkens dieser beiden Faktoren, ist die Vegetation mediterraner Gebiete im Allgemeinen stark feuergefährdet. Diese Gefahr wird zusätzlich durch die meist dicht beieinanderstehenden Strauchformationen verstärkt. Viele Pflanzenarten in diesen Regionen enthalten ätherische Öle (als Beispiele zu nennen sind hier die Eukalyptusarten in Australien oder Olivenbäume im Mittelmeerraum), was sie zudem leicht entflammbar macht. All diese Bedingungen führen dazu, dass Wald- und Buschbrände gerade in den winterfeuchten Subtropen verheerende Ausmaße annehmen können, wobei oft die gesamte oberirdische Pflanzenmasse ausnahmslos zerstört wird.

Abb. 13: Buschbrand in Südaustralien 2008 (Quelle: eigenes Photo)

Besonders gefährlich werden solche Brände in Gebieten mit alten Pflanzenbeständen, in denen viel Totholz vorhanden ist. Die durch den anthropogenen Klimawandel hervorgerufene intensivere Ausprägung von Trocken- und Dürreperioden, und die daraus resultierenden Waldbrände, stellen also eine zunehmende Gefahr sowohl für die Menschen als auch für das gesamte Ökosystem an sich dar (SCHULTZ 2000: 330f.).

Dies scheint auf den ersten Blick im Widerspruch zu der Tatsache zu stehen, dass Feuer zu den natürlichen Umweltfaktoren der mediterranen Gebiete zählen. Denn die Vegetation hat sich teils durch Feuerresistenz, teils durch ein hohes Regenerationsvermögen an die immer wieder auftretenden Brände angepasst. So benötigen einige Pflanzenarten die große Hitze zum Auskeimen ihrer Samen. Jedoch braucht es, um die ursprüngliche Vegetation wieder herzustellen, einen Regenerationszeitraum von zirka 10 Jahren. Die durch den Klimawandel erhöhte Frequenz der auftretenden Feuer bietet hierfür nicht ausreichend Zeit, was zu einer dauerhaften Veränderung der Vegetation von Strauchformationen hin zu Krautpflanzen führt.


### 5.3 Verstärkte Bodenerosion

Nach einem Waldbrand ist der Boden in der Regel besonders anfällig für Erosion, da die, wenn auch nur gering schützende, Vegetationsschicht zerstört wurde. Negativ beeinflusst wird diese Gefahr durch das allgemein starke Relief in vielen Gegenden der winterfeuchten Subtropen. Das heißt, gerade Böden in Hanglagen sind extrem erosionsgefährdet. Die Abbildung 14 zeigt die enorme Bodenerosion auf der ehemals bewaldeten griechischen Halbinsel Sithonia. Durch immer wieder auftretende Feuer hat sich die Form der Vegetation in weiten Teilen der Insel grundlegend geändert. Deutlich zu erkennen ist außerdem die starke Auswaschung der Hänge bis auf das Ausgangsgestein als Folge der durch fehlende Vegetationsschichten hervorgerufenen Bodenerosion. Besonders fortgeschritten ist die Erosion im Allgemeinen dort, wo Wald- und Buschbrände in relativ hoher Frequenz auftreten. Wegen oben bereits erwähnter Gründe, ist also anzunehmen, dass sich dieses Problem gerade in den vielen Hügel- und Gebirgsregionen der winterfeuchten Subtropen in Zukunft noch verschärfen wird.

Durch die Auswaschung während der feuchten Jahreszeiten und dem Abbrennen der Vegetation während der Trockenperioden verstärkt sich zunehmend auch der Mangel des gerade für das Pflanzenwachstum so wichtigen Stickstoffs. Hierdurch kommt es demzufolge zu einer Hemmung der Vegetation. Die jahreszeitlich verschobenen Feuchte- und Temperaturoptima der Pflanzen hemmen deren Produktion zusätzlich. Ist es im Sommer warm genug, so fehlt in dieser Zeit ausreichend Wasser. Andersherum ist es in den feuchten Monaten, in denen ausreichend Wasser vorhanden ist, zu kühl. Das Maximum der pflanzlichen Produktion wird demnach im Frühjahr bzw. Herbst erreicht. Durch stärker ausgeprägte Trockenperioden ist hier also eher ein weiteres Absinken der pflanzlichen Produktion zu erwarten. Die sowieso schon den Boden nur gering schützende Vegetationsschicht wird zukünftig eher noch anfälliger werden, und die Gefahr der Bodenerosion erhöhen.

Die Bodenerosion, die Gebiete mit hoher Reliefenergie besonders gefährdet, führt zwangsläufig auch zu unkontrollierten Aufschüttungen und Ablagerungen in Tiefländern. Der extreme Bodenabtrag ist weiterhin auf die hohe Erodierbarkeit der zumeist flachgründigen auf

Abb. 14: Bodenerosion auf Sithonia, Griechenland 2005 (Quelle: eigenes Photo)

Kalkstein entstandenen Böden zurückzuführen (Chromic Luvisols). Die dort vorhandene Biomasseproduktion ist primär von der Niederschlagsmenge und –verteilung abhängig. Der während des Sommers immer öfter ausbleibende Regen und die im Gegenzug ansteigenden Evaporationsraten vermindern die Menge des den Pflanzen verfügbaren Bodenwassers, wodurch es zu einer Abnahme der Biomasseproduktion kommt. Dies hat unmittelbar Auswirkungen auf den Gehalt des organischen Materials im Boden sowie die Stabilität des Oberbodenhorizontes gegenüber Erosion. Dieses sowie die nur geringe bzw. gar nicht vorhandene Vegetationsbedeckung hat eine Desertifikation mediterraner Böden zur Folge, welche, auf Grund der fast unmöglichen Boden- und Pflanzenregeneration, in den meisten Fällen unumkehrbar ist. Durch zunehmende Klimaextreme, also längere Dürren und schwerere Regenfälle, stellt die Bodenerosion und die damit einhergehende Desertifikation eines der größten Probleme der winterfeuchten Subtropen dar (KOSMAS & DANALATOS 1994: 26ff.). Der anthropogene Klimawandel zeigt hier verheerende Auswirkungen auf die Böden dieser im Vergleich so kleinen Klimazone.

Durch umfangreiche Aufforstungsmaßnahmen sowie strenge Einschränkungen der Beweidung versucht man diesem Prozess entgegenzuwirken. Allerdings zeigen diese Maßnahmen nur mäßigen Erfolg, da wie zu Beginn dieses Kapitels erwähnt, Wald- und Buschbrände ein natürliches Umweltphänomen mediterraner Regionen sind, und die Erosion somit nicht gänzlich gestoppt werden kann. Um eine extreme Auswaschung nach einem Waldbrand zu verhindern, werden oft so genannte kontrollierte Brände durchgeführt. Dies geschieht in der Regel zu Beginn der Trockenzeit durch Abbrennen des Unterwuchses von Wäldern, um so einen positiven Nährstoffeintrag zu erhalten (SCHULTZ 2000: 332).

## 5.4 Weitere Auswirkungen des anthropogenen Klimawandels

Ein bereits heute in den mediterranen Regionen auftretendes und sich zukünftig verschärfendes Problem ist der Mangel an Trinkwasser. Viele Trinkwassergewinnungsgebiete sind durch die hohe Inanspruchnahme überlastet und laufen somit Gefahr zu verunreinigen. Außerdem sind schon heute diverse nationalstaatliche Konflikte um Trinkwassergewinnungsregionen zu beobachten. Ein Beispiel dafür sind die von Israel besetzten, syrischen Golanhöhen. Verstärkt sich der Wassermangel in diesen durchweg dicht besiedelten Regionen der winterfeuchten Subtropen, so sind weitere Kriege um das lebenswichtige Trinkwasser nicht auszuschließen.*

Hinsichtlich der bodenbildenden Prozesse in den winterfeuchten Subtropen ist festzuhalten, dass die höheren Durchschnittstemperaturen zu einem intensiveren Ablauf chemischer Reaktion führen und somit die regionsspezifischen Prozesse der Bodenbildung verstärkt. So läuft beispielsweise die Rubefizierung beschleunigt ab, da Ferrihydrit schneller dehydratisiert und somit Hämatit gebildet wird.

Die zunehmende Trockenheit in den Sommermonaten führt auch zu einer verstärkten Versalzung der Böden und zur Ausbildung teilweise mächtiger Salzkrusten. Diese werden zwar in den humiden Wintermonaten häufig wieder ausgewaschen, führen aber dennoch zu einer Minderung des Pflanzenwachstums während des Sommers, da die Vegetation in den winterfeuchten Subtropen nicht salzresistent ist. Aufgrund der damit verbundenen Einschränkung der Durchwurzelung der Oberbodenhorizonte, erhöht sich wiederrum die Gefahr der Bodenerosion. Es wird also deutlich, dass die Bodenerosion durch vielerlei Faktoren hervorgerufen und verstärkt wird, wodurch es zu einem Teufelskreislauf kommt.

# 6 Zusammenfassung

Rückblickend bleibt festzuhalten, dass keine generalisierenden Aussagen über die Auswirkungen des anthropogenen Klimawandels im Hinblick auf die Böden des Gesamtraums der winterfeuchten Subtropen getroffen werden können. Gründe hierfür sind die lokal unterschiedlichen Kombinationen der bodenbildenden Faktoren, die durch die isolierte Lage der jeweiligen Teilgebiete hervorgerufen werden. Darüber hinaus gibt es eine Vielzahl an Böden, die häufig azonal sind, das heißt, sie werden maßgeblich durch die Ausgangsgesteine und das Relief geprägt. Deshalb ist es notwendig eine regionsspezifische Analyse vorzunehmen, um Aussagen über ausgewählte Regionen vornehmen zu können.

Aus den Ausführungen über den Einfluss des anthropogenen Klimawandels auf die Ökozone der winterfeuchten Subtropen wurde deutlich, dass das charakteristische Merkmal die Intensivierung der sommerlichen Trockenperiode ist. Hieraus ergeben sich für die Böden zahlreiche Folgen. Dies sind beispielsweise die Reduzierung der schützenden Vegetationsschicht durch zunehmende Wald- und Buschbrände, und die daraus resultierende verstärkte Bodenerosion. Andererseits werden die bodenbildenden Prozesse wie Rubefizierung und Versalzung durch höhere Temperaturen und Verdunstungsraten gesteigert.

Letztendlich stellt der anthropogene Klimawandel eine enorme Gefahr sowohl für die Zone der winterfeuchten Subtropen im Allgemeinen als auch für die dort vorkommenden Böden im Speziellen dar. Es bleibt offen, welche Maßnahmen ergriffen werden müssen, um eine irreversible Schädigung der Böden der mediterranen Klimate abzuwenden.

# Literatur

BUBENZER, O. & U. RADTKE (2007): Natürliche Klimaänderungen im Laufe der Erdgeschichte. <http://edoc.hu-berlin.de/miscellanies/klimawandel-28044/17/PDF/17.pdf> (Stand: 2007) (Zugriff: 2010-05-13).

DIETZ, K. (2006). Vulnerabilität und Anpassung gegenüber Klimawandel aus sozial-ökologischer Perspektive. Diskussionspapier 01/06 des Projektes "Global Governance und Klimawandel". <http://www.sozial-oekologische-forschung.org/intern/upload/literatur/Dietz1.pdf> (Stand: 2006) (Zugriff: 2010-04-05).

ENGELHARDT, M. (2007): Zonale Böden der Tropen und Subtropen. <http://markusengelhardt.com/skripte/geographie/08bobuscript_zonaleboedentropen.pdf> (Stand: 2007) (Zugriff: 2010-04-20).

FAO (Food and Agriculture Organization of the United Nations) (2006): World reference base for soil resources 2006. A framework for international classification, correlation and communication. <www.fao.org/ag/agl/agll/wrb/doc/wrb2006final.pdf> (Stand: 2006) (Zugriff: 2010-05-02).

FIEDLER, S. (2004): Bodenzonen der Erde: Mediterraner Raum. <https://www.uni-hohenheim.de/tebaldi/lehre/pics/mediterraner_raum.pdf > (Stand: 2004) (Zugriff: 2010-04-18).

GLASER, R. (2006): Winterfeuchte Subtropen/Mediterraner Raum. <http://www.geographie.uni-freiburg.de/lehre/lv/sose06/rglaser/Landschaftszonen/Kapitel_8_Mediterran_Teil1_2aufl.pdf> (Stand: 2006) (Zugriff: 2010-04-20).

HARTMANN, G. K. (2004): Anthropogener Klimawandel. < www.science-softcon.de/gkhartmann/klimstoff.pdf> (Stand: 2004) (Zugriff: 2010-04-20).

IPCC (2007): Climate Change 2007: The Physical Science Basis. Contribution of Working Group I to the Fourth Assessment Report of the Intergovernmental Panel on Climate Change. SOLOMON, S., D. QIN, M. MANNING, M. MARQUIS, K. AVERYT, M. M.B. TIGNOR, H.L. MILLER & Z. CHEN (eds.). Cambridge, New York: Cambridge University Press.

JAHN, R. (2000): Die Böden der Winterfeuchten Subtropen. – Geographische Rundschau, 52, 10, 28-33.

KOSMAS, C. S. & N.G. DANALATOS (1994): Climate Change, Desertification and the Mediterranean Region. In: ROUNSEVELL, M. D. & P. LOVELAND (eds.): Soil responses to climate change. Berlin: Springer, 25-38.

MÜLLER, A. & K. MÜLLER (2010): Ursachen und Nachweis des anthropogenen Klimawandels. Modul: GEO 235-Physische Geographie I (2010-04-15). Jena: Institut für Geographie.

SCHULTZ, J. (2000): Handbuch der Ökozonen. Stuttgart: Ulmer.

SCHWARZ, R., S. HARMELING, B. HORSTMANN & G. KIER (2008): Globaler Klimawandel: Ursachen, Folgen, Handlungsmöglichkeiten. German Watch, <http://www.germanwatch.org/klima/gkw08.pdf> (Stand: 2008) (Zugriff: 2010-05-05).

UBA (Umweltbundesamt) (2004): Globaler Klimawandel. Klimaschutz 2004. <http://www.umweltdaten.de/publikationen/fpdf-l/2695.pdf> (Stand: 2004) (Zugriff: 2010-05-05)

ZECH, W. & G. HINTERMAIER-ERHARD (2002): Böden der Welt: Ein Bildatlas. Heidelberg: Spektrum Akademischer Verlag.